早餐果汁
晚餐沙拉

王采筠　主编

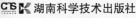湖南科学技术出版社

图书在版编目（ＣＩＰ）数据

早餐果汁　晚餐沙拉 / 王采筠主编. -- 长沙：湖南科学技术
出版社，2017.7
　ISBN 978-7-5357-9212-9

　Ⅰ．①早… Ⅱ．①王… Ⅲ．①果汁饮料－制作②沙拉
－菜谱 Ⅳ．①TS275.5②TS972.121

中国版本图书馆 CIP 数据核字(2017)第 039604 号

ZAOCAN GUOZHI WANCAN SHALA
早餐果汁　晚餐沙拉
主　　编：王采筠
责任编辑：王舒欣　李　霞
出版发行：湖南科学技术出版社
社　　址：长沙市湘雅路 276 号
　　　　　http://www.hnstp.com
湖南科学技术出版社天猫旗舰店网址：
　　　　　http://hnkjcbs.tmall.com
邮购联系：本社直销科 0731-84375808
印　　刷：深圳市雅佳图印刷有限公司
　　　　　（印装质量问题请直接与本厂联系）
厂　　址：深圳市龙岗区坂田大发浦村大发路 29 号 C 栋 1 楼
邮　　编：518000
版　　次：2017 年 7 月第 1 版第 1 次
开　　本：710mm×1000mm　1/16
印　　张：13
书　　号：ISBN 978-7-5357-9212-9
定　　价：39.80 元
（版权所有·翻印必究）

早晚餐的美容饮食关键

关于肌肤保养，多数人想改善的不外乎是痘痘肌、细纹、干燥、肤色暗沉、黑斑、晒斑和肌肤敏感等问题，请先检视个人日常的生活和饮食习惯，找出问题来源，并利用具有排毒和美容功效的蔬果汁和沙拉，一举改善多种肌肤问题。

戒掉坏习惯，改喝蔬果汁

如果常吃精制、加工食品、油炸物和速食品，因这类食物缺乏膳食纤维，会使人的肠胃减少蠕动，而衍生出便秘问题，长此以往，人体内的废物将增加，皮肤状况也日渐下滑。

此外，压力大、睡眠不足、生活习惯不规律等，皆可能导致皮脂分泌过剩，进而堵塞毛孔，形成青春痘。若想改善肌肤问题，必须先促进新陈代谢，让身体排出毒素。

因此，早餐饮用蔬果汁，可以排毒素，能保护皮肤与黏膜组织，并促进血液循环，给细胞提供营养。只要均衡摄取蔬果中的营养素，便能达到美颜的效果，由内而外，彻底改善肤质。

蔬果汁的饮用原则

蔬果汁中的蔬菜和水果没有一定比例，刚开始若不习惯蔬菜的生涩味，可用 60% 的水果搭配 40% 的蔬菜，再慢慢增加蔬菜的比例。除了蔬果外，可以添加牛奶、豆浆、坚果或少许蜂蜜以增加风味，但重要的是要经常替换不同的蔬果，避免只吃单一蔬果，才不会营养失衡。

每一餐蔬果汁的饮用量是350~450ml，可以搭配面包、三明治、杂粮馒头等饮用，偶尔没有食欲的话，也可以只喝蔬果汁。

美丽零负担**的清爽沙拉**

本书除了推荐早餐饮用蔬果汁之外，也希望能让大家体会晚餐吃沙拉的好处。沙拉的主要食材也是蔬果，它们是抗老化、增强免疫力、控制体重、养颜美肤的优质食物，而且沙拉的制作并不难，只要遵循以下建议，就能轻松做出一道营养满满的沙拉。

1. 灵活运用各色蔬果：不同颜色的蔬果，营养也不尽相同，绿色蔬果如小黄瓜、西兰花、豌豆、茼蒿等，含有膳食纤维，有排毒功能；红色蔬果和紫色蔬果如西红柿、红甜椒、草莓、蓝莓、茄子、紫甘蓝等，能有效抗老化，促进肌肤健康；橘色蔬果和黄色蔬果如胡萝卜、柳橙、橘子、芒果、红薯、黄甜椒等，能促进血液循环，带走肌肤老旧角质和废物。

2. 添加种子和坚果：种子类食物如亚麻仁籽，坚果类食物如杏仁、花生、核桃等，都含维生素E，添加在沙拉中食用，能增加肌肤弹性，改善暗沉肤色。

3. 补充蛋白质：除了摄取蔬果中的纤维之外，适量增加鸡胸肉、鲔鱼、鲷鱼等食材，不仅低脂、低热量，也有修复发炎肌肤的功用。

本书还提供了多种自制酱料的做法，其用水果、酸奶、柠檬汁、橄榄油和红酒醋等食材调配而成，可以增添沙拉的风味。下面来进一步了解本书，让蔬果汁和沙拉改变你的饮食生活吧！

让饮食生活变简单的器具

削皮器

主要用来削去蔬果外皮，如土豆、胡萝卜、木瓜等，也可以用于将食材切成薄片。

刨丝器

刨丝器的刀片与削皮器一样，建议选购较耐用的不锈钢或陶瓷材质，若为其他金属材质的工具，可能会因为长期使用而生锈、变钝。

果汁机

果汁机的钢刀能将食材搅碎，搅打出拥有高纤、高营养价值的蔬果汁。早期果汁机多是 2 片钢刀，现多为 4 片或 6 片钢刀上下交错设计，搅打时能更加快速均匀。

菜刀

烹调用的菜刀，最好选用重量适度、握拿合宜、不易生锈和容易清洗的不锈钢材质。

量匙、量杯

量匙和量杯可以测量食材分量，以调理出果汁和酱汁的合适比例，当然口味比例没有固定，大家可依个人喜好调整。本书中 1 杯为 250ml，1 大勺为 15ml，1 小勺为 5ml。

榨汁机

榨汁机是采用压榨原理，以挤压的方式榨汁，榨汁过程混入空气较少，蔬果不易氧化、变色。市面上的榨汁机甚至可以将蔬果的渣和籽滤除，使蔬果汁口感更加滑顺，但建议保留它们，因为这些都是粗纤维食物，能帮助达到饱腹感。

蔬果脱水器

清洗干净的蔬果若没有沥干水分，沙拉的汁会被稀释，破坏应有的风味，而蔬果脱水器是利用离心力的原理，将水分甩干。

本书使用方法

清楚的食材示意图，让每一杯需要的蔬果食材一目了然。

食材使用量杯和量勺测量。

蔬果汁适合在没有食欲的早晨饮用，加入牛奶、优酪乳或蜂蜜调味，口感更佳。

用来搭配沙拉的酱料，只要将材料混合即可，方便简单。

所有做法不超过3步，若有需要特别注意的事项，以小贴士说明。

沙拉和蔬果汁皆为1人份，要制作2人份或者多人份，只要准备2倍或多倍食材分量即可。

Contents 目录

CHAPTER1
排出毒素：红薯

黑豆红薯欧蕾	3
苹果红薯奶昔	5
红薯豆乳	7
燕麦红薯蔬谷昔	9
红薯酸奶	11
红薯泥瑞可塔乳酪沙拉	13
慢烤圣女果红薯蛋沙拉	15
烤红薯松子沙拉	17
烤核桃水煮蛋红薯沙拉	19
鲔鱼红薯沙拉三明治	21

CHAPTER2
抗老化：西兰花

西兰花汁	25
花椰西红柿洋葱昔	27
花椰西芹苹果昔	29
青花椰菠萝汁	31
香蕉花椰蜂蜜奶昔	33
培根核桃西兰花沙拉	35
蜂蜜松子花菜沙拉	37
西兰花笔管面罐沙拉	39
焗烤鱼片西兰花沙拉	41
西兰花海鲜沙拉	43

CHAPTER3
美白：小黄瓜

鲜橙小黄瓜柠檬汁	47
小黄瓜菠萝西红柿汁	49
薄荷蜂蜜黄瓜汁	51
高丽菜瓜果汁	53
黄瓜西瓜汁	55
牛油果黄瓜鱿鱼筒水波蛋沙拉	57
黄瓜玉米鲔鱼罐沙拉	59
韩式黄瓜蒟蒻面沙拉	61
黄瓜鲜虾地中海沙拉	63
鸡丝高丽菜沙拉	65

CHAPTER4
明亮肤色：胡萝卜

鲜橙胡萝卜蔬果汁	69
胡萝卜苹果汁	71
胡萝卜菠萝坚果汁	73
蜂蜜橘子胡萝卜蔬果汁	75
蔓越莓胡萝卜汁	77
茴香胡萝卜坚果沙拉	79
香料烤胡萝卜沙拉	81
胡萝卜果干沙拉	83
果香鸭胸笔管面罐沙拉	85
鲜蔬乳酪沙拉棒	87

CHAPTER5
柔嫩肤质：甜椒

红黄甜椒汁	91
鲜橙甜椒汁	93
番石榴甜椒坚果昔	95
甜椒西红柿昔	97
亚麻籽菠菜甜椒蔬谷汁	99
普罗旺斯风味沙拉	101
油烤甜椒紫茄沙拉	103
甜椒野菇沙拉	105
缤纷水果甜椒杯	107
干贝菠萝甜椒温沙拉	109

CHAPTER6
防晒祛斑：西红柿

浓郁西红柿汁	113
黄瓜亚麻籽西红柿蔬谷昔	115
胡萝卜西红柿汁	117
紫甘蓝西红柿苹果昔	119
西芹西红柿汁	121
九层塔西红柿豆腐沙拉	123
炒西红柿牛小排沙拉	125
香辣茄汁笔管面沙拉	127
西红柿苜蓿芽薄饼沙拉	129
香肠牛油果辣沙拉	131

CHAPTER7
淡化细纹：牛油果

蜂蜜牛油果奶昔	135
牛油果木瓜奶昔	137
黑芝麻牛油果奶昔	139
菠菜牛油果蔬果汁	141
香蕉牛油果椰奶昔	143
四季豆牛油果鲜菇沙拉	145
青葱牛油果蛋沙拉	147
芥末牛油果沙拉三明治	149
烟熏鲑鱼牛油果沙拉	151
鲜虾芒果牛油果沙拉	153

CHAPTER8
红润气色：苹果

浓郁苹果汁	157
苹果紫甘蓝蔬果汁	159
苹果菠萝优酪乳	161
双莓苹果汁	163
苹果菠菜蔬果汁	165
土豆苹果沙拉	167
烟熏鲑鱼苹果沙拉	169
花生鸡肉苹果沙拉	171
果香牛排卷饼沙拉	173
山药苹果沙拉	175

CHAPTER9
减龄：香蕉

香蕉坚果奶昔	179
香蕉优酪乳	181
香蕉番石榴果汁	183
香蕉花生燕麦豆奶昔	185
香蕉芒果酸奶果昔	187
香蕉蓝莓脆片沙拉	189
香蕉坚果沙拉	191
香蕉燕麦罐沙拉	193
香蕉酸奶脆片沙拉	195
鲜蔬香蕉核桃沙拉	197

保存方式

存放于室内干燥阴暗处即可，若长时间放置于高温下，会加速发芽，也可放入厚一点的牛皮纸袋或麻袋中常温保存，或者将红薯蒸熟或烤熟后，冷冻保存，再依每次需要的量取用。

美味关键

香甜松软，细致绵密是红薯的美味要点。将红薯表皮的泥土和脏污刷洗干净，就可以带皮食用，这样吃较营养。

选购要点

表皮光滑没有发芽的红薯比较新鲜，若红薯的须根越多则表示越接近发芽阶段，不建议购买。此外，表皮完整没有凹洞的红薯品质较优良，若有虫蛀或受损的凹洞，则表示红薯品质不佳。

CHAPTER1

排出毒素：红薯

红薯富含膳食纤维，能促进肠胃蠕动、清除宿便，这是红薯有排毒功效的原因。

红薯

黑豆红薯欧蕾

食材　Ingredients

黄心红薯	1/2 个
牛奶	1 杯
黑豆粉	1 大勺
肉桂粉	1 小勺

做法　How To Make

1. 红薯洗净后，削皮切小块。

2. 蒸熟的红薯放入果汁机中，加入牛奶，黑豆粉和肉桂粉打成汁。

红薯

苹果红薯奶昔

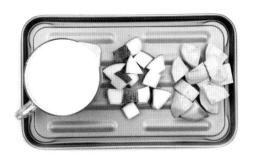

食材 Ingredients

黄心红薯	1/2 个
牛奶	1 杯
苹果	1 颗

做法 How To Make

1. 苹果洗净，去核后切块；红薯切块备用。

2. 红薯放入锅中，加水煮熟。

3. 将苹果、红薯和牛奶放入果汁机中打成蔬果汁。

红薯

红薯豆乳

食材 Ingredients

红心红薯	1/2 个
豆浆	1 杯
杏仁	1 小勺

做法 How To Make

1. 红薯洗净后削皮，切成小块。

2. 红薯放入锅中，加水煮熟。

3. 将豆浆，红薯和杏仁放入果汁机中打成稠状。

红薯

燕麦红薯蔬谷昔

食材 Ingredients

红心红薯	1/2 个
燕麦片	3 大匙
黑豆粉	3 大匙

做法 How To Make

1. 红薯洗净后削皮，切成小块。

2. 红薯放入锅中，加水煮熟。

3. 将红薯连同燕麦片、黑豆粉和一杯开水放入果汁机中打成蔬谷昔。

红薯

红薯酸奶

食材 Ingredients

红心红薯	1/2 个
酸奶	1 杯

做法 How To Make

1. 红薯洗净后削皮，切成小块。

2. 红薯放入锅中，加水煮熟后放凉。

3. 将红薯与酸奶一起放入果汁机中打成稠状。

红薯

红薯泥瑞可塔乳酪沙拉

食材 Ingredients

红心红薯	1/2 个
葡萄干	1 大勺
炼乳	1 大勺
长棍面包	3 片
牛奶	1 杯
柠檬汁	1 大勺
盐	少许

做法 How To Make

1. 红薯洗净去皮后切块，放进电锅蒸 15 分钟。

2. 用小火煮牛奶，加热至冒泡时，加入柠檬汁和盐轻轻搅拌，使牛奶凝固成块状。关火后，将块状物包在棉布中，放置 4 小时以沥干水分。所得到的就是瑞可塔乳酪。

3. 蒸好的红薯压成泥，再加入葡萄干、炼乳拌匀，最后再和瑞可塔乳酪配长棍面包食用。

小贴士

　　牛奶加热后凝结成的白色块状物，即为瑞可塔乳酪 (Ricotta)，又称为乳清乳酪，是以鲜奶加热，并添加酸性物质而成，故称为 ri (再) cotta (煮过)。

红薯

慢烤圣女果红薯蛋沙拉

食材 Ingredients

黄心红薯	1/2 个
苹果	1/4 个
小黄瓜	1 根
鸡蛋	1 个
长棍面包	2 片
圣女果	6 颗
香芹	少许
盐	少许
黑胡椒	少许

做法 How To Make

1. 圣女果切瓣后，撒上少许盐、黑胡椒和香芹，放入预热 120℃ 的烤箱中，低温烘烤 1.5 个小时。

2. 红薯洗净切块后，放入电锅的内锅，鸡蛋放在网架上一起蒸熟。

3. 蒸熟的红薯压成泥，混合切丁的鸡蛋、小黄瓜和苹果，涂抹在长棍面包片上，佐备好的圣女果食用。

红薯

烤红薯松子沙拉

佐芥末果醋酱

食材 Ingredients   酱料 Dressing

红心红薯	1 个	橄榄油	1 大勺
圣女果	10 颗	黄芥末	1 小勺
小黄瓜	1 根	苹果醋	1 大勺
松子	1 大勺	盐	少许
乳酪丁	少许	黑胡椒	少许
葡萄干	少许		
核桃仁	1 小勺		

做法 How To Make

1. 红薯去皮切小块，圣女果切片备用。

2. 切好的红薯和圣女果加入少许橄榄油拌匀后，放入预热 180℃ 的烤箱烤 30 分钟，取出放凉后，混合切块的小黄瓜。

3. 将上述食材摆盘后，撒上松子，切碎的核桃仁、葡萄干和乳酪丁，食用前，淋上混合好的酱料。

红薯

烤核桃水煮蛋红薯沙拉

佐柠檬酱料

食材 Ingredients		酱料 Dressing	
黄心红薯	1/2 个	柠檬汁	1 大勺
鸡蛋	1 个	橄榄油	1 大勺
核桃	2 大匙	盐	少许
西兰花	1/6 朵	黑胡椒	少许
葡萄干	少许		
圣女果	3 颗		
香芹	1 小勺		

做法 How To Make

1. 红薯洗净去皮后切小块，和鸡蛋一起放入电锅蒸熟。

2. 西兰花切成小朵，以滚水氽烫（加入少许葱、姜氽烫，可以让蔬菜甜味析出）。

3. 鸡蛋剥壳后切片、圣女果切瓣，与备好的红薯、西兰花食材摆盘后，撒上核桃、香芹和葡萄干。食用前，再淋上混合好的酱料。

20

红薯

鲔鱼红薯沙拉三明治

食材 Ingredients

黄心红薯	1/2 个
鸡蛋	1 个
西红柿	1 个
鲔鱼丁	2 大匙
莴苣叶	少许
吐司	少许
洋葱	1/6 个
盐	少许
黑胡椒	少许
蛋黄酱	1 大勺

做法 How To Make

1. 红薯洗净去皮后切块；西红柿、洋葱切丁；莴苣叶洗净后切碎。

2. 切好的红薯以滚水煮5分钟后捞起；接着，将鸡蛋放入滚水中煮约8分钟，剥壳后切丁备用。

3. 红薯用盐和黑胡椒调味后捣成泥，并与切丁的鸡蛋、西红柿、洋葱、鲔鱼和蛋黄酱拌匀；最后，将拌好的鲔鱼红薯泥和莴苣叶夹入吐司中即可享用。

选购要点

选购西兰花以花蕾紧密扎实为佳。若色泽泛黄、发霉，梗部切口干燥裂开，则表示放置时间较久，不新鲜。

美味关键

西兰花经过简单的氽烫、清炒就很好吃，但花蕾部分容易残留农药或菜虫，建议将其切成小朵，放在清水中浸泡约10分钟，使脏污物质和菜虫会自然浮出，再将脏水倒掉，以大量清水冲净即可。

保存方式

西兰花买回来如果没有马上食用，很容易发霉或变黄，若想延长保存期，可将花蕾部分泡入清水中，浸泡至会滴水的程度，即可放入密封，袋中密封保存约一周。

CHAPTER2

抗老化：西兰花

西兰花又名花椰菜，与花菜同属十字花科植物，许多研究指出西兰花具有抗氧化的功能，换言之，西兰花能预防肌肤老化，维持健康的肤质。

西兰花

西兰花汁

食材 Ingredients

西兰花　　1/4 朵

做法 How To Make

1. 将西兰花洗净后，切成小朵。

2. 西兰花加一杯开水放入果汁机中打成汁。

25

西兰花

花椰西红柿洋葱昔

食材 Ingredients

西兰花	1/4 朵
西红柿	1 个
洋葱	1/4 个

做法 How To Make

1. 西兰花洗净后，切成小朵；西红柿切瓣；洋葱切片。

2. 将切好的蔬菜放入果汁机中，加入半杯开水打成蔬果汁。

西兰花

花椰西芹苹果昔

食材 Ingredients

西兰花	1/4 朵
西芹	1 根
苹果	1 个

做法 How To Make

1. 将西兰花洗净，切成小朵；西芹和苹果切小块。

2. 切好的蔬果放入果汁机中，加半杯开水打成蔬果汁。

西兰花

青花椰菠萝汁

食材 Ingredients

西兰花	1/4 朵
菠萝	1 瓣

做法 How To Make

1. 将西兰花洗净，切成小朵；菠萝削皮后，切块备用。

2. 将切好的蔬果放入果汁机中，加入半杯开水打成汁。

西兰花

香蕉花椰蜂蜜奶昔

食材 Ingredients

西兰花	1/6 朵
香蕉	1 根
牛奶	1 杯
蜂蜜	1 小勺

做法 How To Make

1. 将西兰花洗净，切成小朵；香蕉剥皮后切片。

2. 将切好的西兰花、香蕉与牛奶和蜂蜜放入果汁机中打成奶昔。

西兰花

培根核桃西兰花沙拉

食材 Ingredients

西兰花	1/4 朵
花菜	1/4 朵
培根	1 片
核桃	少许
鸡蛋	1 个
海盐	少许

做法 How To Make

1. 将西兰花和花菜洗净，切成小朵，以滚水汆烫后，捞起放凉。

2. 另煮一锅水，水滚后加点海盐，放入鸡蛋煮约 8 分钟，煮熟后剥壳切片。

3. 培根切成小片，放入平底锅中，以小火煎熟备用。将所有食材装盘后即可食用。

西兰花

蜂蜜松子花菜沙拉

食材 Ingredients

花菜	1/5 朵
松子	2 大匙
蜂蜜	1 大勺
橄榄油	1 大勺
葡萄干	少许

做法 How To Make

1. 花菜洗净后切成小朵，淋上橄榄油，放入预热230℃的烤箱中，烘烤20分钟。

2. 松子和葡萄干放入平底锅中，小火干炒约10秒，再加入蜂蜜拌匀。

3. 将烤好的花菜放入平底锅中炒匀，待表面均匀附上蜂蜜即可盛出。

37

西兰花

西兰花笔管面罐沙拉

佐柚子油醋

食材 Ingredients   酱料 Dressing

西兰花	1/4 朵	橄榄油	1 小勺
笔管面	3 大匙	柚子酱	1 大勺
德式香肠	1 根	红酒醋	1 大勺
鸡蛋	1 个	日式酱油	1 大勺
圣女果	5 颗		
杏仁	1 小勺		
结球莴苣	少许		
海盐	少许		

做法 How To Make

1. 西兰花洗净后切小朵；杏仁切碎；德式香肠和圣女果切丁备用。

2. 西兰花和笔管面分别以滚水煮熟后，将水分沥干备用。

3. 煮一锅滚水，加少许海盐后，放入鸡蛋煮约8分钟，剥壳后切丁；接着，在玻璃罐中依序放入混合好的酱料、笔管面、西兰花、德式香肠、水煮蛋、杏仁、圣女果，最上方放上撕成小片的结球莴苣。

西兰花

焗烤鱼片西兰花沙拉

食材 Ingredients

西兰花	1/4 朵
鲷鱼	1 片
圣女果	10 颗
面粉	少许
米酒	1 大勺
橄榄油	少许
黑胡椒	少许
蛋黄酱	2 大匙
乳酪丝	2 大匙

做法 How To Make

1. 西兰花切成小朵后，以滚水汆烫，圣女果洗净后备用。

2. 鲷鱼片切块后，以黑胡椒和米酒腌渍20分钟；取一平底锅，加入橄榄油，将腌好的鱼片，沾上薄薄的面粉后，正反面各煎5分钟。

3. 将乳酪丝和蛋黄酱混合均匀，抹在煎熟的鲷鱼片上，放入预热200℃的烤箱中，烤至乳酪丝融化上色即可，食用时搭配西兰花和圣女果。

西兰花

西兰花海鲜沙拉

佐泰式沙拉酱

食材 Ingredients

		酱料 Dressing	
西兰花	1/4 朵	柠檬汁	1 大勺
洋葱	1/4 个	鱼露	1 大勺
四季豆	5 根	酱油	1 大勺
鱿鱼筒	1/3 尾	砂糖	1 大勺
虾仁	8 尾	辣椒	1 个
西芹	1 根	蒜头	2 瓣

做法 How To Make

1. 西兰花洗净后，切成小朵，四季豆去除蒂头和侧缘粗纤维，斜切成段。二者放入滚水中余烫熟后放凉。西芹切段备用。

2. 鱿鱼筒切片，在表面刻花；用刀将虾仁背部切开，挑出肠泥；以滚水将鱿鱼筒和虾仁烫熟。

3. 洋葱刨丝后，浸泡冷水 10 分钟，再加入上述做法中备好的食材混合均匀；辣椒和蒜头切末后，与酱料的其他材料混合在一起，最后再拌入食材中。

选购要点

选择外形平直均匀，表面硬实有弹性，色泽鲜艳翠绿者为佳。若为按压即塌或摸起来软软的小黄瓜，则表示不新鲜。

保存方式

小黄瓜的保存时间不宜太长，常温放置3天就会慢慢变得干瘪；即使放在冰箱中冷藏，也容易因冻伤而失去爽脆口感。建议用报纸或保鲜膜包好，放入密封盒中再冷藏，这样可防止冻伤，但最好少量购买，并尽快食用完毕。

美味关键

小黄瓜美味处理：口感清爽的小黄瓜，是非常实用的夏季蔬菜，生吃口感爽脆清甜，只要用清水冲净，切除蒂头，即可带皮食用。

CHAPTER3

美白：小黄瓜

小黄瓜含有维生素 C，有助皮肤减少黑色素沉淀，达到美白效果；此外，其水分含量高，夏天作为沙拉或凉拌可降暑气。

小黄瓜

鲜橙小黄瓜柠檬汁

食材 Ingredients

小黄瓜	1 根
柳橙	1 颗
柠檬汁	1 大勺

做法 How To Make

1. 小黄瓜洗净后切块；柳橙洗净后，剥掉果皮切小块。

2. 将切好的蔬果、柠檬汁和半杯开水放入果汁机中打成汁。

小黄瓜

小黄瓜菠萝西红柿汁

食材 Ingredients

小黄瓜	1 根
菠萝	1 瓣
西红柿	1 个
蜂蜜	1 大勺

做法 How To Make

1. 小黄瓜和西红柿洗净后切块；菠萝削去果皮，切小块备用。

2. 将切好的蔬果和蜂蜜放入果汁机中，加半杯开水打成汁。

小贴士

添加少许冰块饮用，口感更佳。

小黄瓜

薄荷蜂蜜黄瓜汁

食材 Ingredients

小黄瓜	1 根
香瓜	1/3 个
薄荷叶	6 片
柠檬汁	1 小勺
蜂蜜	1 大勺

做法 How To Make

1. 香瓜洗净后削皮，用汤匙挖除瓜瓤后切瓣；小黄瓜切块；薄荷叶洗净备用。

2. 将切好的蔬果、薄荷叶、柠檬汁和蜂蜜放入果汁机中打成汁。

小黄瓜

高丽菜瓜果汁

食材 Ingredients

高丽菜	少许
小黄瓜	1 根
猕猴桃	1 个
柠檬汁	1 小勺

做法 How To Make

1. 高丽菜洗净后，切成小片；小黄瓜切块；猕猴桃剥皮后切丁备用。

2. 将切好的蔬果和柠檬汁放入果汁机中打成汁。

小黄瓜

黄瓜西瓜汁

食材 Ingredients

小黄瓜	1 根
西瓜	1 瓣
蜂蜜	1 小勺

做法 How To Make

1. 西瓜去皮后切块；小黄瓜洗净后切块备用。

2. 将切好的蔬果和蜂蜜放入果汁机中打成汁。

小黄瓜

牛油果黄瓜鱿鱼筒水波蛋沙拉

佐麻油糖醋酱

食材 Ingredients		酱料 Dressing	
小黄瓜	1 根	酱油	1 大勺
鱿鱼筒	1/3 尾	味醂	1 小勺
牛油果	1 个	白醋	1 大勺
鸡蛋	1 个	砂糖	1 小勺
茼蒿	少许	白芝麻	1 大勺
干辣椒	2 个		
麻油	1 大勺		
海盐	少许		

做法 How To Make

1. 小黄瓜和牛油果切块备用；鱿鱼筒切块后，以滚水汆烫 3 分钟备用；茼蒿洗净后沥干，拌入麻油和盐备用。

2. 将鸡蛋打入碗中，待锅中的水煮至微滚后转小火，用筷子将滚水搅成漩涡状，轻轻将鸡蛋倒入漩涡中央，用小火煮约 90 秒，等蛋白凝固后，即可捞起。

3. 酱料混合均匀后浇在之前备好的食材上，将水波蛋放在中间，再以切碎的干辣椒作为装饰。

小黄瓜

黄瓜玉米鲔鱼罐沙拉

佐日式和风酱

食材 Ingredients

小黄瓜	1 根
四季豆	5 根
洋葱	1/4 个
鲔鱼粒	2 大匙
黑芝麻	1 小勺
结球莴苣	少许
黑木耳	1 小片
玉米粒	2 大匙

酱料 Dressing

酱油	1 大勺
味醂	1 小勺
香油	1 小勺
砂糖	1 小勺
白芝麻	1 大勺

做法 How To Make

1. 洋葱和结球莴苣切碎；小黄瓜切成长条；黑木耳洗净后，用手撕成小片；四季豆去除蒂头和侧缘粗纤维，切成小段；将黑木耳跟四季豆以滚水汆烫后放凉备用。

2. 鲔鱼粒用汤匙捣碎后，拌入黑芝麻。取一玻璃罐，依序放入混合好的酱料、小黄瓜、黑木耳、四季豆、切碎的洋葱、玉米粒、黑芝麻、鲔鱼和切碎的结球莴苣，混合均匀即可食用。

小黄瓜

韩式黄瓜蒟蒻面沙拉

佐豆瓣酱

食材 Ingredients		酱料 Dressing	
小黄瓜	1 根	酱油	1 大勺
蒟蒻面	1 包	豆瓣酱	1 小勺
火腿	1 片	乌醋	1 小勺
韩式泡菜	少许	砂糖	1 小勺
莫扎瑞拉乳酪	少许	白芝麻	1 大勺

做法 How To Make

1. 煮一锅滚水，将蒟蒻面放入锅中煮熟后放凉备用。

2. 小黄瓜洗净，切除蒂头后，连同火腿和莫扎瑞拉乳酪切丝备用。

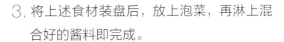

3. 将上述食材装盘后，放上泡菜，再淋上混合好的酱料即完成。

小黄瓜

黄瓜鲜虾地中海沙拉

佐柠檬薄荷酱

食材 Ingredients

小黄瓜	1 根
虾仁	6 尾
结球莴苣	少许
菊苣	少许
绿橄榄	2 颗
洋葱	1/4 个
长棍面包	3 片
切达乳酪丁	少许

酱料 Dressing

橄榄油	1 大勺
柠檬汁	1 大勺
薄荷叶	6 片
海盐	少许
黑胡椒	少许

做法 How To Make

1. 小黄瓜切片；面包用手撕小块；结球莴苣和菊苣用手撕小片；绿橄榄对半切；洋葱切丁备用。

2. 用刀从虾仁背部切开，去除肠泥后，以滚水烫熟。

3. 将小黄瓜、结球莴苣、虾仁、菊苣和绿橄榄装盘，拌入洋葱丁和切达乳酪丁。淋上混合好的酱料后，佐面包片食用。

小黄瓜

鸡丝高丽菜沙拉

佐辣酱油

食材 Ingredients		酱料 Dressing	
鸡胸肉	1 片	酱油	1 大勺
小黄瓜	1 根	柠檬汁	1 小勺
高丽菜	1 瓣	辣椒	1 小根
胡萝卜	1 根		
洋葱	1/4 个		
香菜	少许		
花生	1 大勺		
米酒	1 大勺		
青葱	1 根		
姜	少许		
海盐	少许		

做法 How To Make

1. 青葱切段、姜切片；将海盐均匀抹在鸡胸肉上，加入葱段、姜片和米酒，放入电锅中蒸熟，放凉后用手撕成鸡丝。

2. 洋葱、小黄瓜、胡萝卜和高丽菜切丝后，加入少许海盐拌匀，待蔬菜出水后，沥去水分。

3. 酱料混合后，拌入上述准备好的所有食材中，加入切碎的香菜末和花生即可食用。

选购要点

　　须根少、外表光滑的胡萝卜，品质较优；此外，应避免选择茎周围呈绿色的胡萝卜，因为橘色是胡萝卜素的来源，所以色泽呈深橘色的胡萝卜较营养。

保存方式

　　胡萝卜属于根茎类食材，相对来说可保存较长时间，但若是带叶胡萝卜，要立即将叶子从根部切下，以防其吸收胡萝卜所含的养分，此外，切过的胡萝卜切口容易变干，因此用剩的胡萝卜应用保鲜膜包好后，再放入冰箱冷藏。

美味关键

　　胡萝卜是相当平价的蔬菜，无论生吃或煮熟食用都很适合，但若能搭配优质的橄榄油烹调，更能提高多种营养素的吸收率。

CHAPTER4

明亮肤色：胡萝卜

胡萝卜素是存在于胡萝卜中的营养成分，有助于眼睛和皮肤的健康，能维护视力，使皮肤充满光泽。

胡萝卜

鲜橙胡萝卜蔬果汁

食材 Ingredients

胡萝卜	1根
苹果	1个
柳橙	1个
柠檬汁	1小勺
姜	少许

做法 How To Make

1. 将蔬果洗净后，胡萝卜削皮切小块；
   苹果去籽削皮切块；柳橙剥掉果皮后，
   切块备用。

2. 将切好的蔬果，柠檬汁和姜放进果汁
   机中，加半杯开水打成蔬果汁。

胡萝卜

胡萝卜苹果汁

食材 Ingredients

胡萝卜	1根
苹果	1颗
柠檬汁	1小勺

做法 How To Make

1. 将蔬果洗净后，胡萝卜削皮后切小块；
   苹果切块备用。

2. 将切好的蔬果和柠檬汁放进果汁机
   中，加半杯开水打成汁。

胡萝卜

胡萝卜菠萝坚果汁

食材 Ingredients

胡萝卜	1 根
菠萝	1 瓣
杏仁	8 颗
冰块	少许

做法 How To Make

1. 将蔬果洗净，胡萝卜和菠萝削皮后切小块备用。

2. 将切好的蔬果、杏仁和冰块放进果汁机中，加入半杯水打成蔬果汁。

73

胡萝卜

蜂蜜橘子胡萝卜蔬果汁

食材 Ingredients

胡萝卜	1根
橘子	1个
蜂蜜	1大勺
姜	1小片

做法 How To Make

1. 将蔬果洗净，胡萝卜去皮切块；橘子去皮切块。

2. 将切好的蔬果、蜂蜜和姜放进果汁机中，加入半杯开水打成蔬果汁。

75

胡萝卜

蔓越莓胡萝卜汁

食材 Ingredients

胡萝卜	1根
蔓越莓干	10颗
蜂蜜	1大勺

做法 How To Make

1. 胡萝卜洗净后，削皮切块。

2. 将切好的胡萝卜、蔓越莓干和蜂蜜放进果汁机中，加一杯开水打成汁。

胡萝卜

茴香胡萝卜坚果沙拉

食材 Ingredients

胡萝卜	1/2 根
杏鲍菇	1 根
黄心红薯	1/4 个
结球莴苣	少许
橄榄油	2 大匙
茴香	1 小勺
海盐	1 小勺
核桃	5 颗
腰果	5 颗

做法 How To Make

1. 结球莴苣撕成小片备用；胡萝卜和黄心红薯洗净后削皮，切长条状；杏鲍菇洗净后切长条。

2. 将切好的胡萝卜、黄心红薯和杏鲍菇放入滚水中余烫 3 分钟后，捞起沥干。

3. 将备好的胡萝卜、黄心红薯、杏鲍菇用橄榄油、茴香和海盐调味抓匀后，放入预热 180℃ 的烤箱中，烘烤 20 分钟；取出放凉后，连同莴苣一起摆盘，撒上切碎的核桃和腰果即完成。

胡萝卜

香料烤胡萝卜沙拉

佐薄荷甜醋酱

食材 Ingredients

胡萝卜	1 根
洋葱	1/4 个
苹果	1 个
香菜	少许
茴香	1 小勺
橄榄油	1 大勺
黑胡椒	少许
海盐	少许

酱料 Dressing

薄荷叶	10 片
红酒醋	1 小勺
苹果醋	1 小勺
砂糖	1 小勺

做法 How To Make

1. 将胡萝卜洗净后切成长条；洋葱切成丝；苹果切成薄片；香菜洗净后备用。

2. 薄荷叶切碎后，与其他材料混合成酱料，淋在备好的蔬果中拌匀即可。

胡萝卜

胡萝卜果干沙拉

佐姜味酱油

食材 Ingredients 　 酱料 Dressing

食材 Ingredients		酱料 Dressing	
胡萝卜	1/2 根	酱油膏	1 大勺
葡萄干	少许	姜	少许
蔓越莓干	少许	糖粉	1 小勺
海盐	少许		

做法 How To Make

1. 胡萝卜洗净后刨成丝，撒上盐腌渍30分钟。

2. 用棉布或厨房纸巾包住胡萝卜丝，去除多余水分。

3. 姜切末后，混合其他酱料成酱汁，拌入胡萝卜丝中，再撒上葡萄干和蔓越莓干拌匀。

胡萝卜

果香鸭胸笔管面罐沙拉

佐百香果芥末酱

食材 Ingredients

烟熏鸭胸肉	1/4 片
蒜苗	1 根
胡萝卜	1 根
猕猴桃	1 个
笔管面	1 大勺
西红柿	1 个
西芹	1 根
沙拉笋	1 根
海盐	1 小勺

酱料 Dressing

百香果	1 个
黄芥末酱	1 大勺
蛋黄酱	1 大勺

做法 How To Make

1. 蒜苗与熏鸭胸肉切丁后，以平底锅小火干煎至表面微焦。

2. 煮一锅滚水，加点海盐后，放入笔管面煮约8分钟，捞起放凉。

3. 取一个可密封的玻璃罐，放入均匀混合好的酱料，再依序放入切丁的西红柿、沙拉笋、西芹、胡萝卜、拌炒后的蒜苗鸭胸肉和猕猴桃，最后放上笔管面。

胡萝卜

鲜蔬乳酪沙拉棒

佐橙皮凯萨酱

食材 Ingredients

胡萝卜	1 根
小黄瓜	1 根
西芹	1 根
莫扎瑞拉乳酪	1 块
大蒜	2 瓣
柳橙	1 颗

酱料 Dressing

蛋黄酱	1 大勺
鲔鱼粒	1 大勺
帕玛森乳酪粉	少许
黑胡椒	少许

做法 How To Make

1. 莫扎瑞拉乳酪块切粗条备用；将胡萝卜洗净，削皮后切成粗条状；小黄瓜对切后去籽，再对切为粗条；西芹洗净后，切成粗条备用。切好的蔬菜棒放入冰水中冰镇 5 分钟。

2. 柳橙切半，挤出柳橙汁，并刨下少许柳橙皮屑，与切碎的大蒜和其他材料混合成酱料，配合备好的蔬菜棒和乳酪棒食用。

选购要点

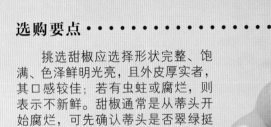

挑选甜椒应选择形状完整、饱满、色泽鲜明光亮，且外皮厚实者，其口感较佳；若有虫蛀或腐烂，则表示不新鲜。甜椒通常是从蒂头开始腐烂，可先确认蒂头是否翠绿挺直，若蒂头枯萎应避免购买。

保存方式

保存甜椒最重要的是不能有水气，因此要先将表面水分擦干，并放入密封袋中冷藏，如此可保持约3周的新鲜度。

美味关键

宝石般的色泽是甜椒的一大魅力，生吃的话口感清甜多汁；加少许橄榄油烤熟或拌炒后，其甜味将更加浓郁突出。

CHAPTER5

柔嫩肤质：甜椒

欲活化细胞组织，帮助肤质更新，可多摄
取甜椒、青椒、胡萝卜等色彩鲜艳的蔬果，尤其
皮肤干燥时，能帮肌肤保水、柔嫩肤质。

甜椒

红黄甜椒汁

食材 Ingredients

黄甜椒	1 个
红甜椒	1 个
洋葱	1/4 个
冰块	少许

做法 How To Make

1. 将黄、红甜椒和洋葱洗净后，切成丁。

2. 将切好的甜椒、洋葱和冰块放入果汁机中打成汁。

甜椒

鲜橙甜椒汁

食材 Ingredients

黄甜椒	1 个
柳橙	3 颗
冰块	少许

做法 How To Make

1. 将黄甜椒洗净后，切成小块；柳橙剥皮后，切成小块并去籽。

2. 切好的蔬果放入果汁机中打成汁，再添加少许冰块即可饮用。

甜椒

番石榴甜椒坚果昔

食材 Ingredients

番石榴	1个
红甜椒	1个
杏仁	6颗
冰块	少许

做法 How To Make

1. 将番石榴和红甜椒洗净后，切成小块；
   杏仁敲碎备用。

2. 将切好的蔬果、杏仁和冰块放入果汁
   机中打成蔬果汁。

95

甜椒

甜椒西红柿昔

食材 Ingredients

红甜椒	1个
西红柿	1个
蜂蜜	1大勺
冰块	少许

做法 How To Make

1. 将红甜椒和西红柿洗净后，去除蒂头，切小块备用。

2. 切好的红甜椒、西红柿，与蜂蜜和冰块放入果汁机中打成蔬果汁。

甜椒

亚麻籽菠菜甜椒蔬谷汁

食材 Ingredients

亚麻籽	1 大勺
黄甜椒	1 个
菠菜叶	10 片
蜂蜜	1 大勺
冰块	少许

做法 How To Make

1. 黄甜椒洗净后，去除蒂头，切块备用。

2. 将切好的黄甜椒、菠菜叶和亚麻籽放入果汁机中，加半杯开水、蜂蜜和冰块打成蔬谷汁。

99

甜椒

普罗旺斯风味沙拉

佐酸豆油醋酱

食材 Ingredients		酱料 Dressing	
黄甜椒	1 个	橄榄油	1 大勺
圣女果	5 颗	红酒醋	1 大勺
四季豆	10 根	绿橄榄	3 颗
土豆	1/3 个	酸豆角	1 小勺
结球莴苣	少许		
鸡蛋	1 个		
鲔鱼粒	1 大勺		
海盐	少许		

做法 How To Make

1. 土豆洗净后削皮切块，四季豆剥除蒂头和粗纤维后切段；圣女果对切成半；黄甜椒切块；结球莴苣撕成小片备用。

2. 切好的四季豆和土豆以滚水烫熟后备用；另煮一锅滚水，加点海盐后，放入鸡蛋煮约 8 分钟，剥壳后，切成 4 等分。

3. 绿橄榄和酸豆角切碎后，与橄榄油和红酒醋混合成酱料；将其拌入备好的黄甜椒、圣女果、四季豆、土豆、结球莴苣片、鸡蛋和鲔鱼粒即可。

甜椒

油烤甜椒紫茄沙拉

食材 Ingredients

红甜椒	1个
蒜头	2瓣
西葫芦	1条
茄子	1/3个
土豆	1个
迷迭香	少许
橄榄油	1大勺
海盐	少许
黑胡椒	少许

做法 How To Make

1. 红甜椒和茄子切长条；西葫芦和土豆切块备用。

2. 将上述食材连同蒜头（带皮）放在烤盘上，用橄榄油、海盐、黑胡椒和迷迭香调味后，放入预热200℃的烤箱中烤30分钟即完成。

甜椒

甜椒野菇沙拉

佐苹果油醋酱

食材 Ingredients		酱料 Dressing	
红甜椒	1个	苹果醋	1小勺
黄甜椒	1个	橄榄油	1大勺
杏鲍菇	1根		
迷迭香	少许		
橄榄油	1大勺		
海盐	少许		
黑胡椒	少许		

做法 How To Make

1. 红甜椒和黄甜椒洗净后，切除蒂头、去籽后切成小块；杏鲍菇切成滚刀块。

2. 将上述食材放在烤盘上，用橄榄油、海盐、黑胡椒和迷迭香调味后，送进预热200℃的烤箱中烤20分钟。

3. 酱料混合后，淋在烤好的蔬菜上，拌匀后食用。

甜椒

缤纷水果甜椒杯

佐芒果优酪酱

食材 Ingredients

红甜椒	1 个
切达乳酪丁	少许
蓝莓	6 颗
苹果	1 个
芒果	1 个
猕猴桃	1 个

酱料 Dressing

蛋黄酱	1 大勺
炼乳	1 小勺
芒果	1/3 个
优酪乳	2 大匙

做法 How To Make

1. 红甜椒洗净后切除蒂头，去籽，将甜椒内白色部分削除，用冷开水冲净后，倒转放在厨房纸上沥干水分。

2. 苹果洗净后切丁，浸泡在盐水中防止氧化；芒果和猕猴桃去皮后切丁；蓝莓洗净后备用。

3. 将上述备好的水果与切达奶酪丁混合后，放入甜椒中；芒果切丁后，混合其他材料调成酱料，搭配备好的甜椒食用。

甜椒

干贝菠萝甜椒温沙拉

食材 Ingredients

红甜椒	1个
黄甜椒	1个
干贝	5颗
菠萝	1瓣
橄榄油	1大勺
黑胡椒	少许
海盐	1小勺

做法 How To Make

1. 红、黄甜椒洗净后切除蒂头，去除籽瓤，切成长条状；菠萝切丁；干贝用清水冲净后擦干备用。

2. 在平底锅中加入橄榄油，以小火拌炒红、黄甜椒和菠萝丁，炒约5分钟，熄火后，以海盐和黑胡椒调味，装盘备用。

3. 在锅中加少许橄榄油，以小火煎干贝，两面各煎约3分钟后，以海盐和黑胡椒调味，然后将其放在装盘的蔬果上面，再在表面撒上少许黑胡椒即完成。

选购要点

　　挑选西红柿时，无论大小，蒂头应新鲜、不干枯，以色泽鲜艳红透，摸起来紧绷结实为佳。色泽艳红表明含有充足的茄红素，若摸起来软烂，则表示过熟或不新鲜。

保存方式

　　没熟透的绿西红柿可放在常温下自然催熟，熟透的西红柿以保鲜膜包覆后冷藏，可以保存两周。

美味关键

　　西红柿虽然是蔬菜，但酸甜的滋味又像水果，生吃或熟吃各有风味，其与各种食材皆能搭配得宜，是很好入菜的蔬菜。

CHAPTER6

防晒祛斑：西红柿

炎炎夏日，肌肤若经常曝晒于强烈紫外线下，容易产生晒斑，而西红柿中的茄红素可以抑制黑色素沉淀，避免晒出斑点。

西红柿

浓郁西红柿汁

食材 Ingredients

西红柿   2个

做法 How To Make

1. 西红柿洗净后，去除蒂头，切块备用。

2. 将切好的西红柿放入果汁机中打成汁。

西红柿

黄瓜亚麻籽西红柿蔬谷昔

食材 Ingredients

西红柿	1个
柠檬汁	1小勺
亚麻籽	1大勺
小黄瓜	1根
蜂蜜	1小勺
冰块	少许

做法 How To Make

1. 西红柿和小黄瓜洗净后，去除蒂头，西红柿切瓣、小黄瓜切块备用。

2. 将切好的西红柿、小黄瓜、柠檬汁、亚麻籽、冰块和蜂蜜放入果汁机中打成蔬谷昔。

西红柿

胡萝卜西红柿汁

食材 Ingredients

西红柿	1 个
柠檬汁	1 小勺
胡萝卜	1 根
蜂蜜	1 小勺
冰块	少许

做法 How To Make

1. 西红柿洗净后，去除蒂头再切瓣；胡萝卜洗净后，削皮切块备用。

2. 将切好的西红柿和胡萝卜、柠檬汁、冰块、蜂蜜及一杯开水放入果汁机中打成汁。

西红柿

紫甘蓝西红柿苹果昔

食材 Ingredients

圣女果	5颗
苹果	1个
紫甘蓝	少许
柠檬汁	1小勺
冰块	少许

做法 How To Make

1. 圣女果洗净后，去除蒂头；苹果去籽切块；紫甘蓝切片备用。

2. 将上述备好的蔬果、柠檬汁、冰块和少许开水放入果汁机中打成蔬果昔。

西红柿

西芹西红柿汁

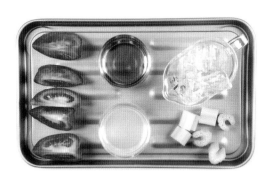

食材 Ingredients

西红柿	1 个
西芹	1/3 根
蜂蜜	1 大勺
柠檬汁	1 小勺
冰块	少许

做法 How To Make

1. 西红柿洗净后，去除蒂头后切瓣；西芹切块备用。

2. 将切好的西红柿、西芹、柠檬汁、冰块、蜂蜜和半杯开水放入果汁机中打成汁。

西红柿

九层塔西红柿豆腐沙拉

佐柠檬油醋酱

食材 Ingredients　　酱料 Dressing

食材 Ingredients		酱料 Dressing	
圣女果	3 颗	红酒醋	1 大勺
嫩豆腐	1/2 块	橄榄油	1 大勺
九层塔	少许	柠檬汁	1 小勺
切达乳酪丁	少许		

做法 How To Make

1. 圣女果洗净后，去除蒂头，切成圆片；嫩豆腐切片；九层塔洗净备用。

2. 将红酒醋、橄榄油和柠檬汁均匀混合成酱料备用。

3. 将切好的圣女果、切达乳酪丁、嫩豆腐和九层塔均匀混合，淋上调制好的柠檬油醋酱即完成。

西红柿

炒西红柿牛小排沙拉

佐南洋咖哩酱

食材 Ingredients

圣女果	3 颗
无骨牛小排	5 片
洋葱	1/4 颗
西葫芦	1/2 条
橄榄油	1 大勺
茼蒿	少许
海盐	少许
黑胡椒	少许

酱料 Dressing

黄咖哩粉	1 大勺
橄榄油	1 小勺
椰奶	4 大匙

做法 How To Make

1. 圣女果洗净后，摘除蒂头；无骨牛小排用厨房纸吸收血水；西葫芦切成半圆片；洋葱切丝备用。

2. 将橄榄油倒入平底锅中，将洋葱、西葫芦和牛小排下锅拌炒至牛肉半熟，再加入圣女果、海盐和黑胡椒炒至全熟，装盘备用。

3. 将黄咖哩粉用橄榄油炒香，再加入椰奶煮成浓稠酱汁；在装盘的食材中拌入茼蒿，佐咖哩酱食用。

126

西红柿

香辣茄汁笔管面沙拉

食材 Ingredients

笔管面	3 大匙
黄甜椒	1/2 个
四季豆	6 根
德式香肠	1 根
香芹	少许
西红柿	1 个
番茄酱	1 大勺
蒜头	1 瓣
辣椒	1 个
橄榄油	少许
黑胡椒粉	少许
海盐	少许

做法 How To Make

1. 食材洗净后，黄甜椒和德式香肠切块；四季豆斜切成段；蒜头和辣椒切末备用。

2. 烧一锅滚水，加一点海盐，放入笔管面煮约 8 分钟后捞起。

3. 平底锅中加少许橄榄油，放入上述洗净切好的食材，以中小火拌炒；炒匀后加入切块的西红柿、番茄酱和半杯开水煮成茄汁，再加入煮好的笔管面续煮约 5 分钟；然后用海盐和黑胡椒粉调味后盛盘，撒上少许香芹即完成。

西红柿

西红柿苜蓿芽薄饼沙拉

佐甜酒醋酱

食材 Ingredients

苜蓿芽	少许
茼蒿	少许
西红柿	1 个
莫扎瑞拉乳酪	少许
墨西哥饼皮	1 张

酱料 Dressing

白酒	1 小勺
柠檬汁	1 小勺
橄榄油	1 大勺
砂糖	2 小匙
黑胡椒	少许
海盐	少许

做法 How To Make

1. 将苜蓿芽和茼蒿洗净后沥干；西红柿和莫扎瑞拉乳酪切片备用。

2. 用平底锅烘烤墨西哥饼皮约 1 分钟，翻面再烤 1 分钟后盛出备用。

3. 饼皮铺平，将备好的食材均匀放上去，再淋上混合好的甜酒醋酱即完成。

西红柿

香肠牛油果辣沙拉

食材 Ingredients

香肠	1根
牛油果	1个
西红柿	1个
蒜头	1瓣
薄荷叶	5片
啤酒	1大勺
橄榄油	1大勺
辣椒	1个
黑胡椒	少许
海盐	少许

做法 How To Make

1. 香肠斜切成厚片，牛油果切块，西红柿切瓣，蒜头切薄片，薄荷叶和辣椒切末备用。

2. 在平底锅中放入香肠，用中小火将两面各煎约3分钟，煎至微焦后，放入啤酒、辣椒和蒜片拌炒，炒至汁水收干即可捞起放凉。

3. 将香肠与牛油果、西红柿、薄荷拌匀后，用橄榄油、黑胡椒和海盐调味即可。

131

选购要点

　　选购牛油果时，以果粒大、果皮光滑、饱满有重量感者，并带有果柄，没有伤口或病虫害的果实为佳。尚未成熟的牛油果硬而坚实，可置于室温下约一个星期，变软后即可食用。

保存方式

　　尚未熟透的牛油果较硬，置于室温下 4 ~ 7 天即变软。熟透的牛油果放入保鲜袋中，密封冷藏可保存约 3 天。切开的牛油果若有剩余，可准备一个保鲜盒，在底部铺上切片的洋葱，再放上剩余的牛油果，即可减缓其氧化变色。

美味关键

　　牛油果的口感绵滑，带有淡淡胡桃与奶油的乳香味，虽然没有特别突出的味道，但用于各种甜、咸料理中，具有画龙点睛的美味效果。

CHAPTER7

淡化细纹：牛油果

牛油果拥有含量丰富的优质脂肪，可以补充肌肤表皮所需的脂肪酸，达到保湿锁水的功效，进而淡化脸上的小细纹。

牛油果

蜂蜜牛油果奶昔

食材 Ingredients

牛油果	1 个
蜂蜜	1 大勺
牛奶	1 杯

做法 How To Make

1. 牛油果洗净去核后，切块备用。

2. 将切好的牛油果、蜂蜜和牛奶放入果汁机中打成奶昔。

135

牛 油 果

牛 油 果 木 瓜 奶 昔

食材 Ingredients

牛油果	1/2 个
木瓜	1/4 个
牛奶	1 杯
蜂蜜	1 大勺

做法 How To Make

1. 牛油果洗净后去核切块；木瓜削皮后，去籽切块备用。

2. 将切好的牛油果、木瓜、蜂蜜和牛奶放入果汁机中打成奶昔。

牛油果

黑芝麻牛油果奶昔

食材 Ingredients

牛油果	1/4 个
黑芝麻	1 大勺
牛奶	1 杯

做法 How To Make

1. 牛油果洗净后，去核切块备用。

2. 将切好的牛油果、黑芝麻和牛奶放入果汁机中打成奶昔。

牛油果

菠菜牛油果蔬果汁

食材 Ingredients

牛油果	1/2 个
菠菜叶	少许
菠萝	1 瓣
柠檬汁	1 小勺

做法 How To Make

1. 牛油果洗净后，去核切块；菠萝切块备用。

2. 将切好的牛油果、菠菜叶、菠萝、柠檬汁和半杯开水放入果汁机中打成蔬果汁。

牛油果

香蕉牛油果椰奶昔

食材 Ingredients

牛油果	1/2 个
香蕉	1 根
椰奶	1 杯
柠檬汁	1 小勺

做法 How To Make

1. 牛油果洗净后，去核切块；香蕉剥皮后，切片备用。

2. 将切好的牛油果、香蕉、椰奶和柠檬汁放入果汁机中打成奶昔。

牛油果

四季豆牛油果鲜菇沙拉

食材 Ingredients

四季豆	6 根
牛油果	1 个
芦笋	5 根
杏鲍菇	1 根
黄甜椒	1/4 个
红甜椒	1/4 个
柠檬汁	2 小匙
黑胡椒	少许
海盐	少许

做法 How To Make

1. 将四季豆、牛油果、杏鲍菇、甜椒洗净后切丁，芦笋洗净后切段备用。

2. 煮一锅滚水，将芦笋、杏鲍菇和四季豆分别氽烫至熟后，沥干放凉。

3. 将切丁的食材拌匀，用柠檬汁、黑胡椒和海盐调味。装盘后，放上芦笋即完成。

牛油果

青葱牛油果蛋沙拉

食材 Ingredients

牛油果	1个
青葱	1根
鸡蛋	1个
海盐	少许
黑胡椒	少许
酱油	1小勺
麻油	少许

做法 How To Make

1. 青葱切末备用，牛油果去核后，挖出少许果肉。

2. 在牛油果中间打入一个鸡蛋，再放入预热200℃的烤箱中，烘烤15分钟。（可依个人喜好的鸡蛋熟度控制时间）

3. 取出后，撒上海盐、黑胡椒和葱末，淋少许酱油和麻油增添风味即可食用。

小贴士

挖除少许牛油果果肉是为了有足够的空间打蛋进去，并确保蛋液不会流出。

牛油果

芥末牛油果沙拉三明治

佐花生芥末酱

食材 Ingredients   酱料 Dressing

长棍面包	2 片	花生酱	1 大勺
小黄瓜	少许	黄芥末	1 小勺
牛油果	1/4 个		
核桃	少许		

做法 How To Make

1. 牛油果洗净后，削皮切瓣；小黄瓜用削皮器削成长薄片备用。

2. 平底锅用小火烧热后，放入切好的牛油果，双面煎至微焦后捞起放凉。

3. 花生酱和黄芥末混合后，涂抹于长棍面包片上，再依次放上小黄瓜片和牛油果，撒上少许核桃即可食用。

牛油果

烟熏鲑鱼牛油果沙拉

食材 Ingredients

乳酪丝	3 大匙
牛油果	1 个
烟熏鲑鱼	3 片
柠檬汁	1 小勺
橄榄油	少许

做法 How To Make

1. 牛油果去核后，将果肉挖出，加入柠檬汁和橄榄油后捣成泥。

2. 平底锅中加少许橄榄油，放入乳酪丝，用小火煎至融化成片状后，捞起放凉。

3. 在乳酪脆片上放调好味的牛油果泥，再摆上烟熏鲑鱼片即完成。

牛油果

鲜虾芒果牛油果沙拉

食材 Ingredients

虾仁	12 尾
芒果	1 个
牛油果	1 个
香菜	少许
柠檬汁	1 大勺
洋葱	1/4 个
蒜头	2 瓣
辣椒	1 个
橄榄油	2 大匙
海盐	少许
黑胡椒	少许

做法 How To Make

1. 芒果洗净后，去皮切丁，牛油果去核
   后切丁；辣椒、洋葱、香菜、蒜头切
   末备用。

2. 烧一锅滚水，将虾仁氽烫至熟后，捞起
   放凉。

3. 将上述准备好的食材拌匀后，以海盐
   和黑胡椒调味，再拌入橄榄油和柠檬
   汁即可。

选购要点

　　熟透的苹果会散发出浓郁果香，外观鲜红带黄，表面略带粗糙感，吃起来才会又脆又甜。若外表有缺陷、畸形，香味淡且带有青色，则表示不新鲜或尚未熟透。

保存方式

　　新鲜苹果在室温下应保存在阴凉的地方，若想延长保存时间，建议包覆报纸、保鲜膜或塑料袋后冷藏。此外，存放的时候应避免碰撞，以免碰伤的地方腐烂。

美味关键

　　香甜爽脆的苹果是可以带皮食用的水果，但商家为了防止水分流失，会在苹果外皮上蜡，若其表面看起来光亮、触感平滑，可能就是上了蜡，建议还是削皮食用为佳。

CHAPTER8

红润气色：苹果

苹果的营养成分相当容易被人体吸收，其含有多种营养素和抗氧化物质，能滋润肌肤，使气色变得红润，是相当优质的美肌水果。

苹果

浓郁苹果汁

食材 Ingredients

苹果	1 个
柠檬汁	1 小勺
冰块	少许

做法 How To Make

1. 苹果洗净后，去核切小块备用。

2. 将切好的苹果，冰块和柠檬汁放入果汁机中打成汁。

苹果

苹果紫甘蓝蔬果汁

食材 Ingredients

紫甘蓝	1 碗（约 40 克）
苹果	1 个
菠萝	1 瓣
柠檬汁	1 小勺
冰块	少许

做法 How To Make

1. 紫甘蓝洗净后切小片；苹果和菠萝洗净后，切小块备用。

2. 将上述蔬果、柠檬汁和冰块放入果汁机中，打成蔬果汁。

苹果

苹果菠萝优酪乳

食材 Ingredients

苹果	1个
菠萝	1瓣
柠檬汁	1小勺
优酪乳	1杯
冰块	少许

做法 How To Make

1. 苹果和菠萝洗净后，切小块备用。

2. 将上述水果、柠檬汁、冰块和优酪乳放入果汁机中打成汁。

苹果

双莓苹果汁

食材 Ingredients

苹果	1 个
蓝莓	8 颗
蔓越莓干	5 颗
冰块	少许

做法 How To Make

1. 苹果洗净后去核，切小块备用。

2. 将切好的苹果、蓝莓、蔓越莓干和冰块放入果汁机中，加半杯开水打成果汁。

苹果

苹果菠菜蔬果汁

食材 Ingredients

苹果	1 个
菠菜叶	少许
柠檬汁	1 小勺
蜂蜜	1 小勺
冰块	少许

做法 How To Make

1. 苹果洗净后去核，切小块；菠菜叶洗净后，切段备用。

2. 将切好的苹果、菠菜叶、柠檬汁、蜂蜜和冰块放入果汁机中打成蔬果汁。

苹果

土豆苹果沙拉

佐千岛酱

食材 Ingredients

		酱料 Dressing	
土豆	1 颗	蛋黄酱	1 大勺
苹果	1 个	番茄酱	1 大勺
胡萝卜	1 根		
小黄瓜	1 根		
鸡蛋	1 个		
海盐	1 小勺		

做法 How To Make

1. 小黄瓜和土豆洗净后切丁；苹果和胡萝卜削皮后，切丁备用。

2. 切丁的土豆和胡萝卜以滚水加海盐煮熟后捞起。另煮一锅滚水，加少许海盐，放入鸡蛋煮约 8 分钟，煮熟后剥壳切细丁备用。

3. 蛋黄酱和番茄酱等比例混合成千岛酱，拌入备好的土豆、胡萝卜和鸡蛋中，再加入切丁的小黄瓜和苹果即可食用。

苹果

烟熏鲑鱼苹果沙拉

佐香草油醋酱

食材 Ingredients　　　酱料 Dressing

食材 Ingredients		酱料 Dressing	
烟熏鲑鱼	6 片	橄榄油	1 大勺
苹果	1 个	红酒醋	1 小勺
茼蒿	少许	香芹	少许
结球莴苣	少许	柠檬汁	1 小勺
洋葱	1/6 个		

做法 How To Make

1. 苹果洗净后，削皮去核切小瓣；洋葱洗净后切丝，在冷水中泡 1 分钟；茼蒿和结球莴苣洗净后，撕成小片。

2. 将烟熏鲑鱼片摊开，放上切好的苹果，用手卷起来。

3. 备好的茼蒿、结球莴苣和洋葱拌匀后淋上混合好的酱料。

苹果

花生鸡肉苹果沙拉

佐咖哩酸奶酱

食材 Ingredients

鸡胸肉	1 片
苹果	1 个
结球莴苣	少许
香菜	少许
花生	10 颗
米酒	1 大勺

酱料 Dressing

黄咖哩粉	1 小勺
酸奶	1 大勺
蛋黄酱	1 小勺
蜂蜜	1 小勺
海盐	少许
黑胡椒	少许

做法 How To Make

1. 苹果洗净后，削皮切成长条状；香菜切末；结球莴苣切丝；花生敲碎备用。

2. 烧一锅水，煮滚后，倒入少许米酒，放进鸡胸肉煮至水滚，再续煮 3 分钟，然后盖上锅盖并关火，将鸡肉焖 8 分钟，焖好后用手撕成丝状。

3. 将酱料的材料调匀后，拌入备好的鸡丝、结球莴苣丝、苹果和香菜，最后，撒上花生碎粒。

小贴士

焖可以让肉质软嫩不涩，如果怕焖不熟，可以用叉子戳入鸡肉中，若无血水渗出即表示熟透。

苹果

果香牛排卷饼沙拉

佐牛油果莎莎酱

食材 Ingredients		酱料 Dressing	
板腱牛排	1 片	牛油果	1 个
（约巴掌大）		西红柿	1 颗
苹果	1 个	蒜头	1 瓣
结球莴苣	少许	柠檬汁	1 小勺
红酒醋	1 大勺		
海盐	少许		
黑胡椒	少许		
墨西哥饼皮	5 个		

做法 How To Make

1. 苹果洗净后切片；结球莴苣切丝；板腱牛排切小块，均匀撒上海盐和黑胡椒腌 10 分钟备用。

2. 腌好的牛排放入平底锅，以小火干煎，正反面各煎 3 分钟后，加入红酒醋煮至酱汁收干。

3. 西红柿切丁，蒜头切末，连同柠檬汁和海盐拌入捣成泥的牛油果中成酱料。墨西哥饼皮摊开，抹上酱料，放上结球莴苣丝、切片苹果和煎好的牛排，卷起后食用。

苹果

山药苹果沙拉

佐梅子油醋

食材 Ingredients

山药	2块
	（约80克）
苹果	1个
鸡蛋	1个
结球莴苣	少许
腰果	1小勺
海盐	少许

酱料 Dressing

梅子醋	1小勺
橄榄油	1大勺
蜂蜜	1小勺
黑胡椒	少许

做法 How To Make

1. 山药洗净后削皮切块，放入果汁机打成泥；苹果切丁、结球莴苣撕成小片；腰果敲碎备用。

2. 山药泥和切丁的苹果混和。

3. 煮一锅水，水滚后加点海盐，放入鸡蛋煮约8分钟；煮熟后剥壳，切成厚片，与上述备好的食材装盘后，淋上混合好的酱料即可。

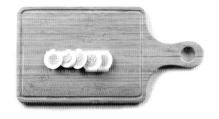

选购要点

　　优质香蕉的果皮为金黄色，蒂头完整、无脱落现象，表面无擦伤，而且每根香蕉都应该饱满，购买后可在室温下放至果皮出现黑皮斑点，俗称"芝麻蕉"，此时风味最佳，营养成分也最高。

保存方式

　　香蕉买回后，在蒂头的部位包上保鲜膜，可以减缓香蕉成熟的速度，此外，为避免香蕉成熟招来果蝇，可以放入冰箱冷藏或冷冻，虽然果皮会变黑，但不影响果肉的香甜滋味。

美味关键

　　香蕉吃起来香甜可口，是很受欢迎的水果，可打成果汁或作为沙拉中的食材，能给料理增添浓郁口感和香气。

CHAPTER9

减龄：香蕉

吃香蕉很容易产生饱腹感，这是因为香蕉含有丰富的粗纤维，能促进肠胃蠕动，迅速排出毒素和废物，维持年轻肌肤的光泽与弹性。

香蕉

香蕉坚果奶昔

食材 Ingredients

香蕉	1 根
杏仁	1 大勺
腰果	1 大勺
牛奶	1 杯

做法 How To Make

1. 剥下香蕉外皮，果肉切片备用。

2. 切好的香蕉连同杏仁、腰果和牛奶放入果汁机中，打成奶昔饮用。

香蕉

香蕉优酪乳

食材 Ingredients

香蕉	1根
优酪乳	1杯

做法 How To Make

1. 剥下香蕉外皮，果肉切片备用。

2. 切好的香蕉连同优酪乳放入果汁机中
   打成果昔。

香蕉

香蕉番石榴果汁

食材 Ingredients

香蕉	1 根
番石榴	1/2 个
苹果	1/4 个
柠檬汁	1 小勺
蜂蜜	1 小勺

做法 How To Make

1. 剥下香蕉外皮，果肉切片；番石榴和苹果洗净后，去籽、去核切小块备用。

2. 切好的香蕉、番石榴、苹果、柠檬汁和蜂蜜放入果汁机中加少许开水打成果汁。

香蕉

香蕉花生燕麦豆奶昔

食材 Ingredients

香蕉	1 根
燕麦	2 大匙
腰果	1 大勺
豆浆	1 杯
花生酱	1 小勺

做法 How To Make

1. 剥下香蕉的外皮，果肉切片备用。

2. 切好的香蕉，连同燕麦、腰果、豆浆和花生酱放入果汁机中，打成豆奶昔饮用。

185

香蕉

香蕉芒果酸奶果昔

食材 Ingredients

香蕉	1 根
芒果	1 颗
酸奶	1 大勺

做法 How To Make

1. 将香蕉和芒果表皮洗净，香蕉剥皮后切片，芒果切块备用。

2. 切好的香蕉、芒果和酸奶放入果汁机中，加少许开水打成酸奶果昔。

香蕉

香蕉蓝莓脆片沙拉

佐蜂蜜酸奶酱

食材 Ingredients

香蕉	1 根
蓝莓	8 颗
玉米碎片	一大匙

酱料 Dressing

| 酸奶 | 5 大匙 |
| 蜂蜜 | 1 小勺 |

做法 How To Make

1. 香蕉剥皮后切片，蓝莓以清水洗净后备用。

2. 香蕉片装盘后，淋上混合好的蜂蜜酸奶酱，撒上蓝莓和干米碎片即可食用。

189

香蕉

香蕉坚果沙拉

食材 Ingredients

杏仁	1 大勺
核桃	1 大勺
夏威夷果	5 颗
香蕉	1 根
蔓越莓干	8 颗
芒果	1 个
苹果	1 个
牛奶	少许

做法 How To Make

1. 香蕉、芒果和苹果去皮后，香蕉切片、芒果和苹果切丁后备用。

2. 杏仁、核桃和夏威夷果放在平底锅中，以小火干炒约 1 分钟后，盛出放凉。

3. 把上述备好的食材均匀混合，撒上蔓越莓干，淋上牛奶食用。

191

香蕉

香蕉燕麦罐沙拉

佐奶油乳酪酱

食材 Ingredients

燕麦	4 大匙
蓝莓	20 颗
香蕉	1 根
莲雾	1 个
薄荷叶	2 片
蜂蜜	2 大匙

酱料 Dressing

奶油乳酪	6 大匙
柠檬汁	1 小勺

做法 How To Make

1. 将香蕉切片，莲雾切小瓣；蓝莓和薄荷叶洗净后备用。

2. 燕麦加 50 毫升热水用小火煮软，再加入蜂蜜拌匀成燕麦粥。

3. 奶油乳酪加柠檬汁拌匀成酱料；取一玻璃罐，依序放入一半燕麦粥、香蕉片、蓝莓和奶油乳酪酱，接着放入另一半燕麦粥、香蕉片、蓝莓，最后放上莲雾，再用薄荷叶装饰后即可食用。

香蕉

香蕉酸奶脆片沙拉

食材 Ingredients

香蕉	1 根
蓝莓	15 颗
酸奶	3 大勺
核桃仁	1 大勺
玉米脆片	3 大勺

做法 How To Make

1. 核桃仁用手掰碎；香蕉剥皮后切片；蓝莓洗净后备用。

2. 将少许核桃碎与 1 大勺玉米脆片放于容器底部，接着铺上 1 大勺酸奶；再放上蓝莓和香蕉，然后按照该顺序层层叠放，放好后即可食用。

香蕉

鲜蔬香蕉核桃沙拉

食材 Ingredients

莴苣叶	少许
香蕉	1 根
核桃仁	少许
酸奶	2 大匙

做法 How To Make

1. 莴苣叶洗净后，用手撕成小片状；香蕉剥皮后切片；核桃仁敲碎备用。

2. 将莴苣叶装盘，铺上香蕉片，用核桃碎装饰后，再淋上酸奶即可食用。

197